《发现大自然》科普绘本系列

FAXIAN DAZIRAN KEPU HUIBEN XILIE

植物大发现

ZHIWU DA FAXIAN

春 霞　张顺燕　著

吕忠平　绘

新疆人民出版总社
新疆科学技术出版社

图书在版编目（CIP）数据

植物大发现/春霞,张顺燕著;吕忠平绘.—乌鲁木齐:新疆科学技术出版社,2020.6
（发现大自然科普绘本系列）
ISBN 978-7-5466-4468-4

Ⅰ.①植… Ⅱ.①春…②张…③吕… Ⅲ.①植物—青少年读物 Ⅳ.①Q94-49

中国版本图书馆CIP数据核字（2020）第103753号

选题策划 唐 辉
责任编辑 唐 辉 顾雅莉
封面设计 王 洋
责任校对 欧 东

《发现大自然》科普绘本系列

植物大发现

春 霞 张顺燕 著
吕忠平 绘

出版发行 新疆人民出版总社
　　　　　新疆科学技术出版社
地　　址 乌鲁木齐市延安路255号
邮政编码 830049
电　　话 （0991）2870049 2888243
E - mail xjkjcbhbs@sina.com
制　　版 乌鲁木齐捷迅彩艺有限责任公司
印　　刷 三河市同力彩印有限公司
版　　次 2020年9月第1版
印　　次 2021年6月第2次印刷
开　　本 880 mm×1230 mm   1/16
印　　张 6.5
字　　数 78千字
定　　价 24.70元

前　言

　　大自然呵护着人类，养育了人类，是人类最亲近的朋友。让孩子们更好地了解自然科学知识是编写本套丛书的最初愿望。丛书以通俗易懂的语言、精美的插图，带领小朋友们融入自然，去森林里探寻最美妙的动植物，去海滨探究奇特的事物，去郊外辨认可爱的花草，去果园采摘果子……以他们最喜爱的方式去领略大自然里的科学知识。

　　这是一套知识满满的科普丛书，目的是引导小朋友们寻找、发现、认识大自然的奥秘。这套丛书不仅教给小朋友们知识，更传授给他们亲近大自然、享受大自然的秘诀，让他们去看，去听，去辨别，去思考。

目录

枸 杞　这些长在小路旁的灌木是枸杞。它们的枝叶浓密，枝条长长地低垂着，上面还挂着一串串红艳艳的枸杞子。不要小看这小小的红果实，晾干后有很多用处，能泡茶，也是做汤的好材料。

枸杞

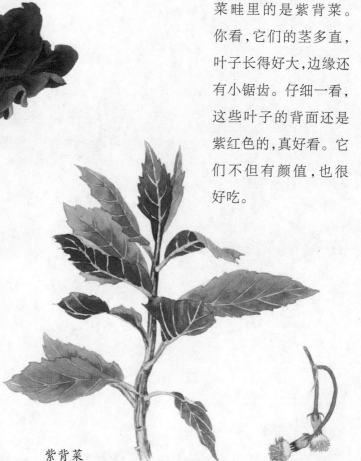

红叶甜菜

紫背菜　这些长在菜畦里的是紫背菜。你看，它们的茎多直，叶子长得好大，边缘还有小锯齿。仔细一看，这些叶子的背面还是紫红色的，真好看。它们不但有颜值，也很好吃。

红叶甜菜　红叶甜菜不怕冷，耐霜降，在花坛中经常能够看到它们的影子。它们的叶子是暗紫红色的，茎很短，叶片肥厚有光泽，吃起来更是美味。远远看去，成片的红叶甜菜像是紫色的绸缎。

紫背菜

花朵通常生在叶
腋处,没有花梗

地 肤 这些长在地边,叶片散发着清香的植物是地肤。它们的茎长得挺拔,有很多分枝,浓密的针形叶子就像是在绕着圈生长,远远看去,整棵植株就像是一个绿球。它们开的花很小很小,花谢后,结的种子就是地肤子。

地 肤

节 瓜

节瓜长为 15～25
厘米,直径为 4～
10 厘米

节 瓜 那些攀爬在藤架上生长的蔬菜是节瓜。它们的茎很粗壮,深绿色的叶子长得浓密,有几朵黄花缀在绿叶间。在藤蔓上,挂着长短不一、长椭圆形的嫩绿色节瓜果,仔细一看,节瓜果身上不但有好几条浅纵沟,还长着细茸毛。

花冠呈辐射状

莴笋

直立的茎

野芝麻 那些长在路旁的植物是野芝麻。它们最高能长到1米,有很多分枝,卵圆形的大绿叶长得浓密,成簇的白色小花绕着茎的顶端傲然绽放,很别致。它们的茎和叶在幼嫩的时候吃起来很鲜美。

莴 笋 莴笋的茎长得粗长,有些像粗的竹笋。当把包在茎外面的皮削掉后,便会露出嫩绿色的肉,吃起来很美味。它们的茎能吃,那些长在茎顶端的长叶子用来做菜也很好吃。

花朵不大,长2~3厘米,花冠为白色

野芝麻

西葫芦

西葫芦 菜园一角,有一片蔓生的西葫芦植株。只见边缘有不规则锐齿的绿叶长得很大,被粗壮的叶柄支撑得像一把坚挺的小绿伞,黄色大花藏在绿叶间;有点短的瓜蔓上缀着椭圆形的深绿色西葫芦,上面还长着黄绿色的不规则条纹。

玉　米 满地的玉米植株挺拔地"伫立"在田地里,碧绿的长叶自然弯曲,茎的顶端抽出了花穗,被绿色苞叶包裹的玉米棒子挺立在直茎上,上面还挂着褐色的须。剥开那层苞叶,看到的便是饱满的玉米粒。

玉　米

菠菜 这些绿油油的蔬菜是菠菜。它们的根白中带红，长得有点像锥子，茎不长，鲜绿的长叶子就从茎的底部长出来，一片一片地环绕着茂盛地生长。菠菜特别好吃，营养也很丰富。

菠 菜

芋头的表皮为黄褐色，切开后，可以看到里面的肉为白色

芋 头

芋 头 水田里有一片长得郁郁葱葱的芋，它们有着盾形的大绿叶，叶柄很长，连着叶柄的叶子，就像是一把绿扇子。芋埋入土中的根部会长出很多球形块茎，那就是芋头。

雪里红

雪里红 雪里红的叶子和茎可以用来做好吃的腌菜。它们的叶片很大，叶子边缘有点皱缩，开明黄色的花朵。有趣的是，在北方生长的雪里红，每到秋冬季节，叶子就会变成紫红色。

羽衣甘蓝

豌豆 这些绕着架子攀爬生长的蔬菜是豌豆。它们的叶子呈卵形,上面还有卷须。它们开的花很好看,紫红色的小花就像是蝴蝶。那些挂着的弯弯的绿色荚果就是豌豆荚,炒着吃特别鲜嫩。

花朵蝶形,为紫红色或白色

豌豆

羽衣甘蓝 这是蔬菜吗?怎么长得像牡丹?原来是羽衣甘蓝,它们的叶子形态优美又多变,颜色艳丽,在没有长大时长得有点像甘蓝,但成熟后它们不像甘蓝那样会结球。羽衣甘蓝不但长得美,叶子也是一种可食用的蔬菜。

乌毛蕨 乌毛蕨长得很有型,它们的嫩芽是一种美味的食物。它们长得很大,但是茎却很短,细细的绿叶子沿着叶柄长得很浓密,整个儿看上去就像是一根巨大的鸟羽,很别致。

乌毛蕨

菜 心 菜心的绿叶和嫩茎用来做菜特美味。宽卵圆形的绿叶长得浓密,每到开花季节,便会开黄色的小花,黄灿灿的,有点像油菜花。

胡萝卜

胡萝卜 胡萝卜是我们常吃的一种蔬菜,它的颜色是艳艳的橙红色,无论是生吃还是做菜,都很美味。我们吃的胡萝卜是它的根。

菜 心

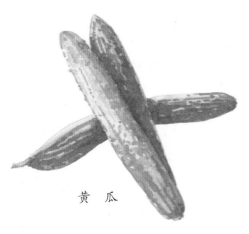

黄 瓜

苦 瓜 苦瓜秧爬满了瓜架，像手掌的叶子长得很浓密，瓜蔓上挂着不少嫩绿色的苦瓜。虽然苦瓜的味道很苦，但也有很多人喜欢吃。

黄 瓜 黄瓜秧长得很茂盛，瓜蔓上挂满了长短不一的黄瓜，嫩绿色的黄瓜微微弯着身子，身上还有尖尖的刺。当它们逐渐变老时，还会由绿色变成黄绿色，甚至黄色。

苦 瓜

卷心菜

卷心菜 这些把自己卷成球的蔬菜是卷心菜。最初它的叶子可是散着长的，随着叶子的不断生长就慢慢往里收缩，渐渐地变成一个"圆球"。

15

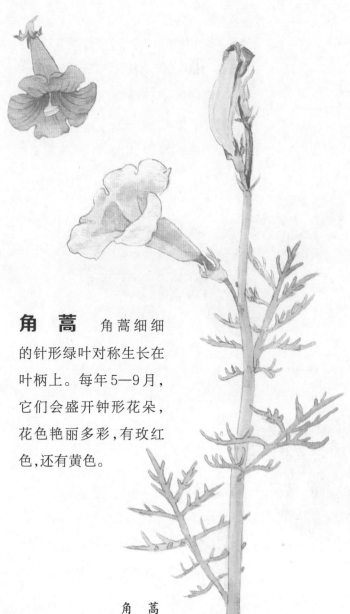

乌塌菜 乌塌菜的叶片很大,沿着茎底部一片挨着一片,层层叠叠,慢慢地就长成了一朵绿色"莲花"。它们不光有颜值,更是餐桌上的美味。

角 蒿 角蒿细细的针形绿叶对称生长在叶柄上。每年5—9月,它们会盛开钟形花朵,花色艳丽多彩,有玫红色,还有黄色。

角 蒿

乌塌菜

京水菜

西蓝花 这些由很多青绿色的小花球构成的"大花蕾"是西蓝花,也就是青花菜。它是最常见的蔬菜之一,味美且营养丰富。

京水菜 京水菜的叶子有点像羽毛,成簇生长在茎的底部。它的茎还有分株能力,能长出新的植株。京水菜的嫩叶可以用来做菜。

西蓝花

花蕾为上窄
下宽的类似
葫芦的形状

毛　豆　毛豆的茎长有细毛,有很多分枝,缀着浓密的绿叶,开淡紫色或是白色的蝶形小花。花谢后,会结成串的豆荚,新鲜豆荚颜色嫩绿,里面的种子吃起来很爽口。

苦苣菜

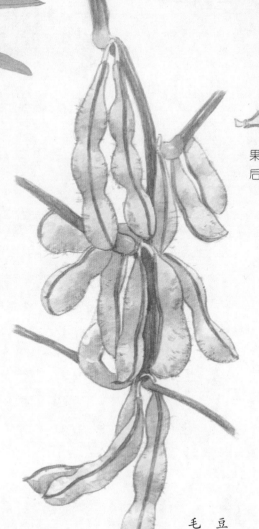

叶子似卵形

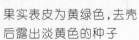

果实表皮为黄绿色,去壳后露出淡黄色的种子

苦苣菜　这些长在路旁的是苦苣菜。它们的叶子是贴着地面铺散着生长的,边缘还有尖尖的齿,在茎的顶端,开着像菊花一样的黄花朵。苦苣菜的叶子能食用。

花朵很小,为白色或紫色

毛　豆

叶柄非常长,叶片
上光滑无毛

菜 豆 菜豆也爱绕着藤架
生长,它们的茎很长,缀着浓密
的深绿叶子,开成簇蝶形小花,
花色多样,有白色、紫色、淡红色
……花谢后,结成串的豆荚,豆荚
长得有点弯,最长能长到20厘
米,在鲜嫩时用来做菜特美味。

扁 豆

扁 豆 扁豆喜欢绕着架
子生长,带着淡淡紫色的茎长
得很长,开淡紫色或是白色的
蝶形小花,结的豆荚颜色多样,
在鲜嫩时适合烹饪。

菜 豆

叶子为深绿色,
脉络清晰

花朵形成总状花序,有白
色、淡红或淡紫红色的

野慈姑　野慈姑喜欢生长在多水潮湿的环境里,适应性较强,生长的适宜温度为20～25℃,是中国水稻主产区的常见杂草之一。

野慈姑

水车前

水车前　水车前,别名水带菜、水芥菜、龙舌草,生长在静水池沼中,花果期6—10月。全草可作猪饲料、绿肥,也可食用,茎叶捣烂可敷治汤火灼伤等症。

水　鳖

眼子菜　眼子菜根系发达,白色,多分枝,在节处生有稍密的须根。茎为圆柱形,通常不分枝。眼子菜生于静水池沼中,为常见的稻田杂草,亦是中药的一种,全草入药。

水　鳖　水鳖是一味中药。味苦,性寒,具有清热利湿的功效。生于静水池沼间,春、夏季采收,鲜用或晒干用。

眼子菜

花菖蒲 花菖蒲叶子是宽条形，长50～80厘米，宽1～1.8厘米。花茎高约1米，直径5～8毫米。花的颜色由白色到深紫色，有单瓣花，还有重瓣花，品种很多。花菖蒲耐寒，喜潮湿，多生于河、湖、池塘边，春季萌发较早，花期通常在早春至初夏，冬季进入休眠状态。

花菖蒲

雁来红

雁来红 别名老来少、三色苋、叶鸡冠、老来娇、老少年。株高60~100厘米，茎直立，粗壮，绿色或红色，分枝少。初秋时上部叶片变色，普通品种变为红、黄、绿三色相间，优良品种则呈鲜黄或鲜红色，顶生叶尤为鲜红耀眼，十分漂亮。它是一种观赏植物。

睡 莲　睡莲是多年生的水生植物，自古就被视为是圣洁、美丽的化身。叶子浮在水面，圆形、椭圆形或是卵形。花色有白色、蓝色、红色，十分美丽。花期是7—10月，昼开夜合。除了观赏价值高之外，睡莲还能净化水体，本领可不小。

睡 莲

雨久花

雨久花　雨久花生于池塘、湖沼靠岸的浅水处和稻田中。全草可作家畜、家禽饲料。雨久花花大而美丽，淡蓝色，像只飞舞的蓝鸟，叶色翠绿、光亮、素雅。在园林水景布置中常与其他水生观赏植物搭配使用，单独成片种植效果也好。

木半夏

核　桃　秋天,高大的核桃树上挂满了椭圆形的灰青色果实,剥掉那层灰青色表皮,这才发现里面藏着外壳坚硬、纹路纵横的核桃。最后,敲开那层外壳,我们就能吃到营养丰富的核桃仁了。

木半夏　木半夏在春天时开白色带着香味的小花,当花朵变成黄色凋谢时,开始结青色椭圆形果实。初夏时节,青色果实变成红色,红艳艳的挂在树上,散发着成熟的果香。摘一颗放进嘴里,甜甜的,带有点酸,甚至还有点涩。

核　桃

木半夏的白色小花晾干后能用来做花茶,味道很是独特

核桃仁长得很像我们的大脑皮层,它的味道独特,可以直接吃,也可以和其他食物搭配

核桃仁可以用来制作糕点和酥饼

它的花朵为白色,呈漏斗形。花朵非常大,长可达30厘米,直径达11厘米,甚是好看。花朵可以做汤吃,味道鲜美

火龙果的果肉有白色和红色两种,无论哪一种,其内都布满黑色的、形如芝麻的籽

火龙果

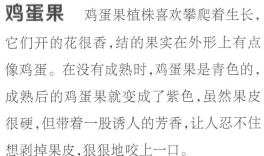

鸡蛋果

火龙果

火龙果树长得很像巨大的有很多分枝的仙人掌,在夏天时开白色大花,花朵凋谢后结红色果实,红红火火地挂满倒垂的绿茎,特别好看。成熟的火龙果是椭圆形,表皮上均匀分布着一个个细长的突起。剥开表皮,便露出长着很多黑籽的白色或是红色的果肉,吃起来清甜爽口。

鸡蛋果

鸡蛋果植株喜欢攀爬着生长,它们开的花很香,结的果实在外形上有点像鸡蛋。在没有成熟时,鸡蛋果是青色的,成熟后的鸡蛋果就变成了紫色,虽然果皮很硬,但带着一股诱人的芳香,让人忍不住想剥掉果皮,狠狠地咬上一口。

当鸡蛋果晒干后,可以取出里面的果肉用来泡茶,特别好喝

经过霜打,君迁子变得皱皱巴巴的

君迁子

李 子

夏天,满树的李子开始由青色变成紫红色,沉甸甸地挂在枝头,散发着诱人的果香。摘一个李子握在手里,只见圆润的果实表皮光滑无比,忍不住咬一口,便露出鲜嫩果肉,满嘴都是甜甜的汁水。

李子里面长有一颗坚硬的核,位于果肉中间。其肉质松软,没办法保存太久

君迁子

秋天,高大的君迁子树上挂满了长椭圆形的小果实,这时的果实还没有成熟,果皮还是淡黄色。慢慢地,淡黄色果皮会变成红色,最后变成蓝黑色,挂满枝头。只是此时果实虽然已经成熟,但味道还是有些发涩,只有打霜后,果实的味道才会变甜。

李 子

我们需要戴上皮手套，用钳子等工具才能将栗子从栗球里取出来

毛樱桃　夏天，不是很高的毛樱桃树上挂满了红色的毛樱桃，只见那些红果实晶莹剔透，密密麻麻地挂在枝丫上，衬着绿色的叶子，特别好看。摘下几颗放进嘴里，只觉得酸甜可口。

栗　子

每年4—5月，毛樱桃树会开满树的花朵，花型和桃花有点像，花色淡雅，散发着清香

栗　子　秋天，栗子树上挂满了绿色的长满刺的栗球，栗子就藏在栗球里。当栗子彻底成熟时，栗球会自动裂开，栗子就从里面探出头来。有时，栗球也会整个从树上掉下来。栗子很美味，生吃或是炒着吃都很不错。

毛樱桃

梅 子　梅子树在春寒料峭时开粉红色
的花朵,花型优美,香气袭人。梅花虽然好
看,但是结的果实味道却不是很好,即便熟透
的黄色梅子也是又酸又涩。有趣的是,很多
人却喜欢在初夏采摘将要成熟的青梅,常用
来泡酒或是做果酱。

梅子

梅子在大雪纷纷
的早春开花,称
为梅花。梅花为
粉红色,鲜艳夺
目,而且具有浓
郁的香味,具有
较高的观赏价值

将梅子洗净,加入糖,
可以酿成汁液。这种
汁液可以用来泡茶喝,
叫作梅子茶。夏天喝
点梅子茶,可以防中暑

狝猴桃营养丰富、
味道鲜美

狝猴桃是一
种木本藤蔓
植物,可以攀
附在其他的
树上生长

狝猴桃

狝猴桃　秋天,只见满树都挂着椭圆形的狝猴桃果实,褐色的果皮上还有一层绒毛,散
发着淡淡的果香。剥开果皮便会露出草绿色的果肉,上面还长着黑色或是绿色的籽,咬一
口,只觉得满口都是汁水,酸甜可口。把狝猴桃榨成汁也特别好喝。

木瓜呈长椭圆形，个头挺大，长达 10~15 厘米。将它切开，可以发现黄色的果肉里布满黑色的籽

苹　果

苹果树树冠高大，在春天时开白色带红晕的成簇小花，花谢后满树挂满青色的小果实。秋天，苹果逐渐成熟，成熟的苹果颜色鲜亮，果肉紧实，散发着浓郁的果香。有趣的是，苹果和人一样有"心室"，而且还有 5 个心室，每个心室里有 2 粒种子。

木　瓜

苹　果

苹果树于 4—5 月开花，它含苞未放时带粉红色，开放后却为白色

木　瓜

木瓜树树形优美，春天时，淡粉色的花朵成簇盛开，特别好看。花谢后结果，满树挂满长椭圆形的青色木瓜。秋天，青色木瓜逐渐成熟，颜色由青色变成暗黄色，散发着淡淡的香味。

苹果有很多汁水，可以榨成汁来喝，也可以把苹果汁加工成苹果醋

杨 桃

杨桃果实长得很独特，整体呈椭圆形，外表上有分布均匀的棱，看起来就像是淡绿色的五角星。虽然杨桃外皮坚硬，但是果肉却酸酸甜甜，还有很多汁水，特别好吃。

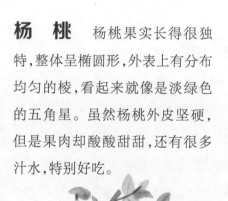

杨桃为肉质浆果，纺锤形，切开后呈好看的五角星形状

人心果

人心果树在夏秋时开白色小花，也在那时结果。当果实成熟，枝丫上会挂满灰色或是铁锈色像是人类心脏的人心果，沉甸甸的，压弯了枝丫，果香四溢，吃起来更是香甜可口。神奇的是，人心果树的果皮里有白色乳汁，就像是它的"眼泪"。

杨桃

花朵较小，白色

果实形如人的心脏，能生吃，非常甜

人心果

蛋黄果　秋天,绿色的球形蛋黄果会逐渐变成黄绿色,最终变成好看的橙黄色,沉甸甸地挂在不是很高的果树上。摘一个蛋黄果,剥掉那层薄薄的果皮,就会露出橙黄色像是蛋黄的果肉,咬一口,只觉得那味道既像是榴莲,又像是番薯,很特别。

果实幼时为绿色,成熟时变为黄绿色至橙黄色

蛋黄果

山楂果在没有成熟时是绿色,成熟后变成好看的深红色

山　楂　晚春时节,院子里那棵挺拔的山楂树长得枝繁叶茂,白色小花缀在绿叶间忽隐忽现。秋天,山楂成熟了,一串串挂在枝头,圆溜溜红彤彤的,果皮上面还点缀着浅色斑点,特别好看。山楂酸酸的,具有很好的消食作用。

山　楂

成熟的枇杷果有的是圆形,有的是椭圆形

生于枝端的花序,长有淡黄色的茸毛

枇杷

枇 杷　枇杷树四季常青,像琵琶一样的绿叶很厚,上面还长满了茸毛,每到秋天或是初冬时,开出成簇的白色或是淡黄色花朵。而春天到初夏这段时间,便是枇杷成熟时,成熟的枇杷已经从青绿色变成橙黄色,成串地挂在枝头,果香浓郁,特别好吃。

桃金娘　桃金娘树在夏天时开花,而且是边开花边结果,花色绚丽多彩,花香浓郁。初秋,桃金娘果子从青变黄,最后变成紫红色,像极了小小的酒杯,一个挨着一个地挂满了枝头,不但成为鸟儿们最爱的食物,也能用来酿果酒。

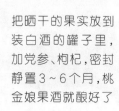

把晒干的果实放到装白酒的罐子里,加党参、枸杞,密封静置3~6个月,桃金娘果酒就酿好了

花型很美,有5片花瓣,嫩黄色花蕊很长

桃金娘

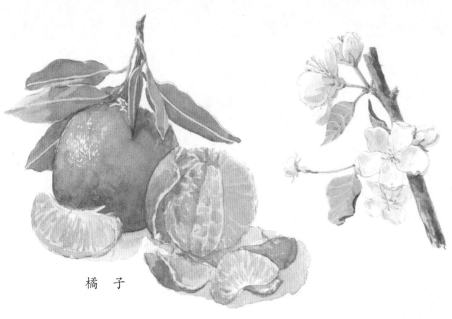

梨花在春天盛开,开在迎红杜鹃和樱花的后面。它的花大且白,在同时长出来的小小叶子的映衬下,甚是好看

橘　子

橘　子　秋天,橘子熟了,圆溜溜、黄澄澄的橘子沉甸甸地挂在枝头,衬着绿绿的叶子,很好看。摘下一个橘子,剥开皮,便会露出一瓣一瓣挨得很紧的橘子果肉,橘子瓣上还布满了白色的橘络。

每到5月,橘子树会盛开成簇的白色花朵

将橘子皮晒干,可供药用,就是中药里的"陈皮"

梨

梨　梨树在春天开花,花色有的洁白如雪,有的黄中带白,有的灿若云霞,一朵一朵地缀满枝头。梨树不光花美,结的果子更是多样。每到成熟时,果子便会沉甸甸地挂满枝头。不同品种的梨树结的果子不同,有光洁的水晶梨,长得像葫芦的西洋梨,长得像鸭头的鸭梨,等等。

葡　萄　葡萄植株喜欢攀着藤架生长，每年5—6月，便会开黄色小花，花谢后结青色的小小葡萄粒，一串串的，挂满藤架。随着一天天长大，葡萄的颜色由青色变成紫色，圆溜溜的，成串挂在葡萄架上，散发着甜香。葡萄多汁，酸酸甜甜，特别好吃。

山葡萄　山葡萄没有葡萄个儿大，也没有葡萄娇气，它不怕秋霜，经过秋霜的洗礼，它的味道会变得更加香甜。

山葡萄可以用来酿酒或酿果醋，味道酸酸甜甜的，很好喝

葡　萄

红色的桑葚就已经很甜了，所以，很多小孩等不及它熟透变为黑色，就会采来吃

桑　葚　每年4—6月，便是桑葚成熟的季节。只见桑树上新生的桑叶青翠欲滴，桑叶下是一小粒一小粒努力团结起来的桑葚，三五成群地挂在树梢，紫红紫红的，在阳光下泛着光泽，非常诱人。

桑　葚

神秘果　成熟的神秘果外形有点像圣女果，红艳艳的，三五成群地缀在枝头，在绿叶的衬托下，特别可爱。有趣的是，神秘果虽然不甜甚至还有点酸涩，但是在吃了神秘果后的2个小时内，若是我们再继续吃别的酸味水果，根本就感觉不到酸，反倒觉得甜甜的。

蛇　莓

蛇　莓　蛇莓喜欢贴着地面匍匐生长，每年的6—8月，开黄色小花，花谢后结青色小蛇莓。10月，蛇莓逐渐成熟，颜色也由青色变成暗红色，表面还有不明显的突起，在阳光下泛着光，让人想要摘几颗放进嘴里。有趣的是，有蛇莓的地方经常有蛇光顾，所以要小心蛇出没！

蛇莓汁水特别多，酸酸甜甜的，可以用来榨果汁

神秘果

神秘果可以用来制作冰激凌的添加剂，为冰激凌的口感增添几分风味

全草可供药用，晒干后泡茶喝，具有清热解毒、收敛止血等作用

石 榴　　院子里有一棵石榴树，只见树上缀着好几个有着裂口，像是在"咧着大嘴笑"的熟透了的石榴。摘下一个石榴放在手里，剥掉那层粗糙发红的果皮，就会看见一排排颗粒饱满、晶莹剔透的石榴籽，往嘴里送一粒，只觉得酸甜可口，特别好吃。

柿子

柿 子　　柿子树每到秋天时，满树的绿叶就会变成红色，挂满枝头的柿子也由青色变成了橙黄色，沉甸甸地挂在枝丫上，像极了小灯笼。成熟的柿子已经没有了涩味，特别甜。

石 榴

完成授粉的花会结出小石榴，石榴不断长大，果皮逐渐变厚，成熟时变成红色，还会裂开

将柿子去皮晒干，就做成了柿饼。柿饼很甜，也很有嚼劲，很多人喜欢吃

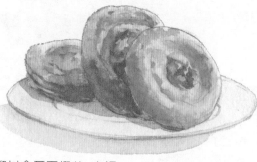

初夏时节，石榴树会开石榴花，火红火红的，就像是天边的云霞

樱 桃　每年的 5—6 月，便是樱桃成熟的时候。那时，红得像是玛瑙的樱桃成串地挂在枝头，在阳光下泛着光泽。摘一颗放进嘴里，只觉得满嘴都是汁水，酸甜可口。

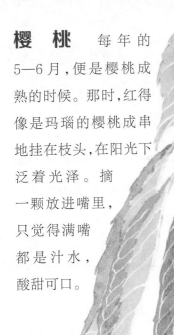

樱 桃

洋蒲桃　每年的 3—4 月，洋蒲桃树会盛开成簇的白色小花，花谢后结果。在 5—6 月，洋蒲桃逐渐成熟。成熟的洋蒲桃颜色鲜亮，有的长得像梨，有的像钟，有的又像圆锥……它们三五成群地挂在枝头，特别有型。咬一口下去，只觉得果肉有点软，汁水很多。

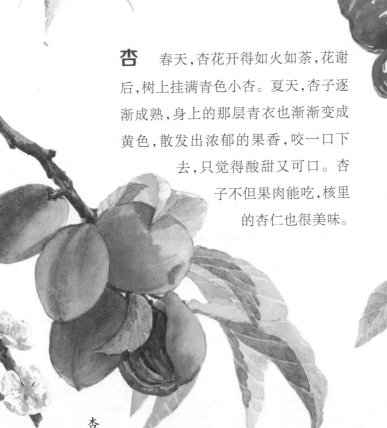

洋蒲桃

杏　春天，杏花开得如火如荼，花谢后，树上挂满青色小杏。夏天，杏子逐渐成熟，身上的那层青衣也渐渐变成黄色，散发出浓郁的果香，咬一口下去，只觉得酸甜又可口。杏子不但果肉能吃，核里的杏仁也很美味。

杏

花朵为白色，生在枝端或叶腋，3 ~ 10 朵小花长成一小簇

花冠的下部为筒状,上部为唇形

迎春花 迎春花的枝条又细又长,呈拱形下垂着生长。它可是个急性子,春天到了,叶子还没长出来,它就已经开出黄色的花朵了。

薰衣草

薰衣草 看,那些一丛丛、长着条形叶子的植物就是薰衣草。它通常开紫色的小花,散发出浓烈的芳香,人们都喜欢叫它"香料之王"。

迎春花

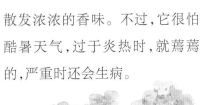

叶子长可达4～14
厘米，细长别致

桂竹香

桂竹香的花朵很大，呈鲜艳的黄色或橙色，还会散发浓浓的香味。不过，它很怕酷暑天气，过于炎热时，就蔫蔫的，严重时还会生病。

康乃馨

康乃馨

康乃馨的花，一朵朵都长在枝的顶端，色彩艳丽多样，结出的果实小小的，是卵球形的。

花朵有4片花瓣，不重叠地排列成一个圆形

桂竹香

紫花景天　紫花景天的茎秆挺得直直的，叶子长得很像风车的扇叶。秋天，紫花景天会在枝的顶端开出颜色鲜艳的花朵，还是非常可爱的伞房状。

花瓣有5片，具有尖角，柱头突出在外

昙　花

花朵着生在枝侧，每处只生1朵，会散发浓郁的芳香

昙　花　昙花喜欢在夜里开放。一朵朵又大又白的花长在枝侧，是非常可爱的漏斗状。可惜，这样好看的花朵只开1~2个小时就凋谢了，想看到它，还真不是件容易的事呢！

紫花景天

紫花苜蓿　紫花苜蓿含有丰富的营养物质,是一些畜禽非常喜爱的食物。它在夏天开花,花朵颜色为紫色至蓝色。有趣的是,它的茎底部是铺展着生长的,上部却是直立生长的。

总状花序呈头形,1
个花序一般有35~
150朵小花

红三叶

红三叶　红三叶的每一根叶柄上都会长出3片叶子,这些叶子柔嫩多汁,家畜可喜欢吃了。开花的时候,花朵一簇簇地生长在一起,非常好看。

果实呈螺状卷曲

紫花苜蓿

小叶上方叶缘有锯齿

叶子为肉质,蓝
绿色,呈叶羽状
分裂

花朵较大,直径
为4.5厘米

夹竹桃　夹竹桃长得
很高,开花的时候,花朵密
密麻麻地生长在茎的顶
端,非常显眼。它是很棒
的"环保卫士",能吸收空
气中的有害气体。不过,
它的茎、叶都有毒。

果实为木质,裂开
后,多颗羽毛状的
种子会掉落出来

万寿菊

花朵较大,直径有
4厘米左右

万寿菊　万寿菊的花朵大
大的,花期也长。不过,它容
易受阳光的影响,阳光充足,
则长得矮壮,花朵开得艳丽;
阳光不足,不仅茎叶细长,连
花也开得少且小。

叶子较为狭长,呈革
质,还有许多侧脉

夹竹桃

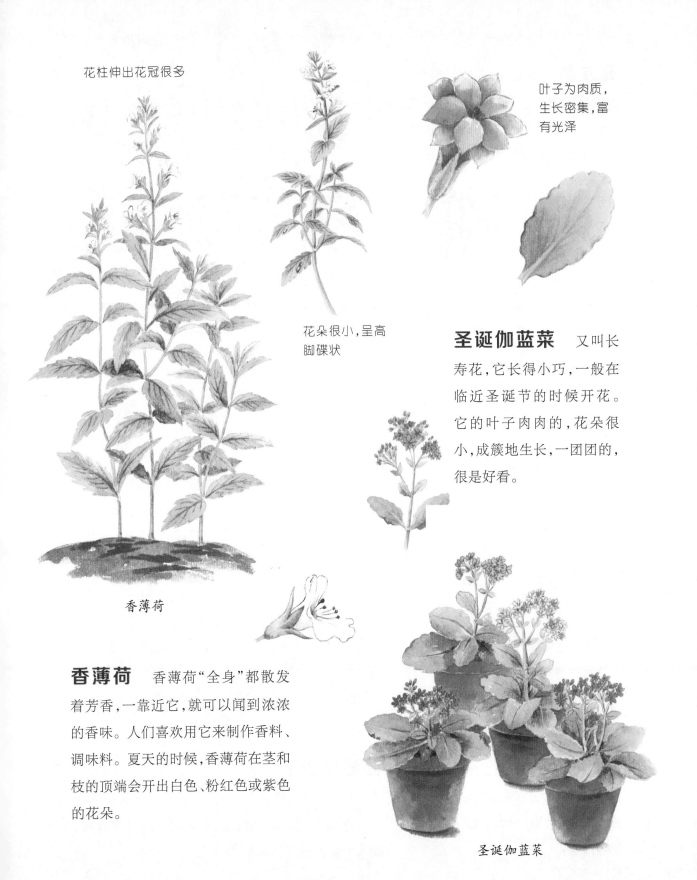

花柱伸出花冠很多

叶子为肉质，生长密集，富有光泽

花朵很小，呈高脚碟状

圣诞伽蓝菜 又叫长寿花，它长得小巧，一般在临近圣诞节的时候开花。它的叶子肉肉的，花朵很小，成簇地生长，一团团的，很是好看。

香薄荷

香薄荷 香薄荷"全身"都散发着芳香，一靠近它，就可以闻到浓浓的香味。人们喜欢用它来制作香料、调味料。夏天的时候，香薄荷在茎和枝的顶端会开出白色、粉红色或紫色的花朵。

圣诞伽蓝菜

孔雀草　孔雀草的花是鲜艳的金黄色，喜欢紧挨着生长，形成膨大的一簇，非常好看。不过，好看的孔雀草一点也不娇气，它喜欢生长在海拔很高的地方。

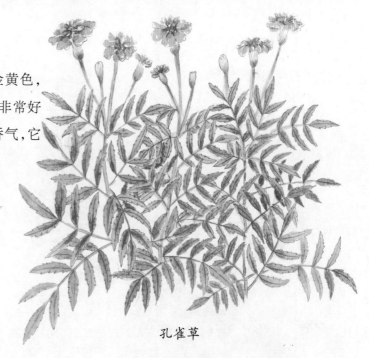

花序与向日葵花相似，是较为膨大的一簇，花瓣重重叠叠

孔雀草

香雪球

香雪球　香雪球的茎从底部分出很多枝条来，开花时发出阵阵清香，会引来大群的蜜蜂。它喜欢成簇生长，花大多数为白色，看起来就像雪球。

花朵呈钟形

葡萄风信子

葡萄风信子　葡萄风信子开紫色的花朵，花小小的，一朵朵排在长长的花茎上，看上去就像挂了成串的葡萄。奇怪的是，冬天时它的叶子常绿，夏天时反而进入休眠状态。

葵花籽呈倒卵形或卵状长圆形,果皮较硬,为灰色或黑色,可生吃,也可以炒熟吃

向日葵

三角梅 三角梅的茎长得较为粗壮,枝条下垂,枝条和叶子之间长有直直的刺。它的花长在枝的顶端,颜色鲜艳。它怕冷,当温度降到一定程度时,就会进入休眠状态。

向日葵 向日葵又名朝阳花,因其花朝着太阳而得名。茎直立、粗壮,头状花序,极大,像一个大大的圆盘。结出的果实是人们爱吃的葵花籽。

三角梅

三角梅的花比苞片小一些,附着在苞片上,花冠呈管状,颜色鲜艳夺目

君子兰　君子兰的叶片宽大且肥厚，很有肉质感，还能吸收空气中的粉尘和烟雾。君子兰称得上是"空气净化小能手"。

金莲花的花冠左右对称，有5片花萼，花色丰富，有黄、橙、粉红、紫红、乳白等

花葶长在叶腋，花直立生长。叶子两侧对生，排列得很整齐

果实呈球形，幼时为深绿色，成熟后变为紫红色

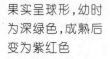

君子兰

金莲花

金莲花　金莲花的茎非常柔软，喜欢攀附在别的物体上生长。它的叶子长得很茂密，一层叠着一层，还是可爱的卵圆形。开花时，颜色鲜艳的花朵和绿叶相互映衬，非常好看。

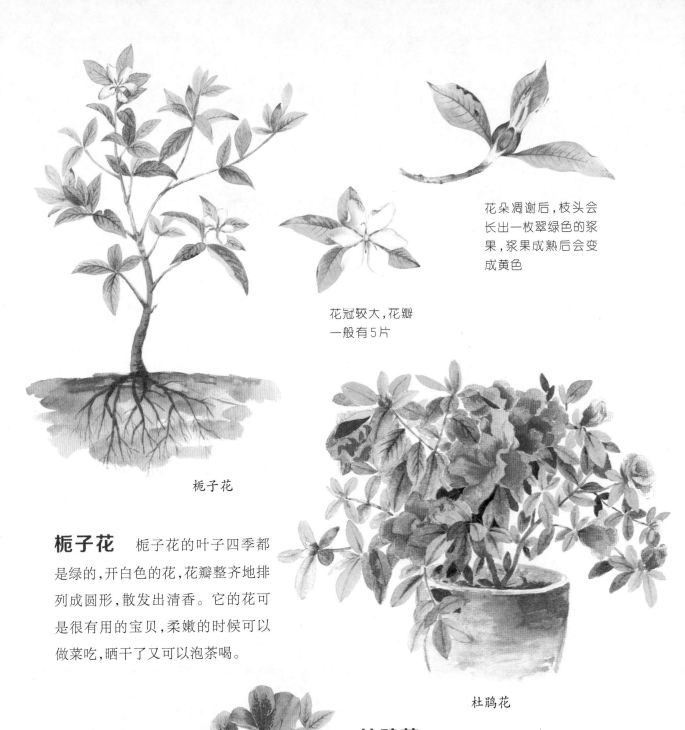

花朵凋谢后，枝头会长出一枚翠绿色的浆果，浆果成熟后会变成黄色

花冠较大，花瓣一般有5片

栀子花

栀子花 栀子花的叶子四季都是绿的，开白色的花，花瓣整齐地排列成圆形，散发出清香。它的花可是很有用的宝贝，柔嫩的时候可以做菜吃，晒干了又可以泡茶喝。

杜鹃花

花朵成簇生长，每簇2~6朵

杜鹃花 杜鹃花在春天盛开，花色鲜艳多彩，有红色、白色、雪青色、粉红色……它喜欢成片生长，开花的时候，红色的杜鹃花仿佛将整座山都映红了，所以，人们又喜欢叫它"映山红"。

重瓣百日菊

单瓣百日菊

花簇很大,叶子为革质或纸质,边缘有较粗的锯齿

绣球花　绣球花在夏天开花,花朵成簇,抱成团。在刚开花时,花朵是白色,慢慢地就会变成蓝色或粉红色。

百日菊

百日菊　百日菊的根扎得深,夏天开美丽的花朵,有的花瓣是重叠的,有的只有一层花瓣,甚是好看。

绣球花

蜘蛛兰 蜘蛛兰的叶子茂密地生长在茎的下部，呈长长的带状，散开在茎的两侧，精致有型。它开白色的花朵，花瓣又细又长，前端还微微向下翻，看上去就像蜘蛛一样。

红花酢浆草

蜘蛛兰

叶子有长长的柄，
小叶为倒心形

红花酢浆草 红花酢浆草长得较矮，生长却非常迅速。它叶子繁茂，能形成叶丛，覆盖住地面，让其他杂草无法生存。人们一年四季都能看到它开的淡红色小花。

蜀 葵 蜀葵茎秆纤细，直直地立挺着，可高达2米。它们大多开红色的花朵，一朵朵小花在花茎上排成长长的队伍，所以，人们又叫它"一丈红"。

花瓣呈倒卵形，一般有5片

一朵花有6～7片花瓣，花色极为鲜艳

花生于枝的顶端。密密麻麻的小花形成了圆锥形的花序

紫薇

蜀葵

紫 薇 紫薇树长得高大，高可达7米，树皮光溜溜的，树干的下部一根树枝都没有，上部则分出很多树枝来。夏秋季节，它开出鲜艳的紫薇花，密密麻麻地生长在树枝的顶端。

当代月季

晚香玉 晚香玉的茎挺得直直的,整个植株除了这一根茎之外,一条分枝都没有。它在夏季开花,乳白色的花朵在夜晚会散发出非常浓郁的香味。

花朵为乳白色,呈漏斗状,筒部细长

当代月季 当代月季长得跟玫瑰很像,所以,又被人们叫作"洋玫瑰"。它的花色艳丽多彩。有意思的是,花朵的大小差别很大,最小的只有指甲盖那么大,最大的却有人脸那么大。

晚香玉

月见草 月见草长得有些粗壮,它们的叶子是紧贴着地面生长的,像是害羞的小姑娘。月见草只在晚上盛开黄色的花朵。

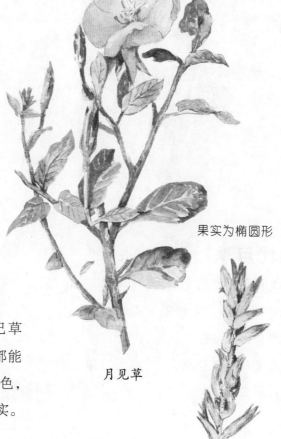

果实为椭圆形

月见草

狗尾巴草 粗狗尾巴草的生命力很强,在石缝里都能勃勃生长。它的花朵为绿色,还会结出像谷粒一样的果实。

狗尾巴草

垂盆草 垂盆草的叶子呈螺旋状围绕着茎,相互重叠着生长,形状很特别。

啤酒花 啤酒花喜欢攀爬生长,在7—8月开花,9—10月结果。它们在土壤肥沃的地区长得高大。

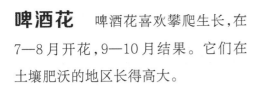

果实长有重重叠叠的苞片

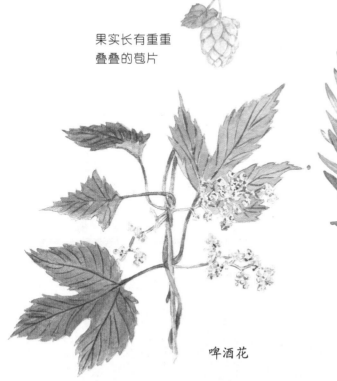

啤酒花

垂盆草

卷耳

卷耳 那些匍匐着成丛生长,开着白色花朵的矮小植物就是卷耳。奇怪的是,它们只有茎的底部是贴着地面的,往上却是直立生长的。

红豆草　红豆草一年开两次花，当成片的红豆草盛开时，就像是天边的云霞。红豆草还是家畜的食物！

蒲公英

蒲公英　蒲公英开黄色花朵，当花谢后，就会结出白色绒球，里面藏着上百粒种子。风吹过，白色绒球就飘呀飘，落在哪里就在哪里生根发芽。

红豆草

龙舌兰 它的花着生在分枝茎上,成簇生长为盘状,而且具有芳香味。待开花之后,植株就开始凋零,枝开始匍匐生长,然后会发育出新的植株来。

龙舌兰

蜂 兰 之所以被称为蜂兰,是因为它不仅外形像蜜蜂,而且它的主要授粉者也是蜜蜂。

蜂 兰

蓖 麻　蓖麻长得很粗壮,大大的绿叶像是手掌,在5—8月开花,7—10月结褐色的果实。当果实成熟便会自动裂开,露出光滑的蓖麻籽,但是蓖麻籽有毒,不能吃。

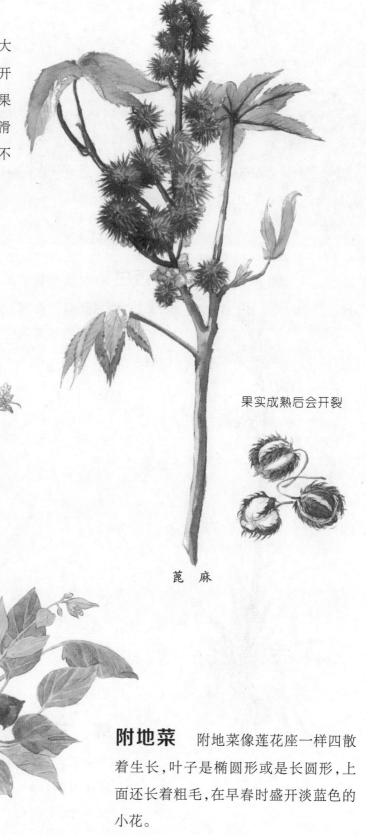

果实成熟后会开裂

蓖　麻

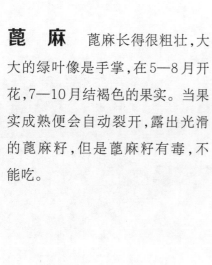

附地菜

附地菜　附地菜像莲花座一样四散着生长,叶子是椭圆形或是长圆形,上面还长着粗毛,在早春时盛开淡蓝色的小花。

金银花　金银花总是攀爬着生
长,在夏天时开花,香香的花朵还会
变色,在刚开时是白色的,慢慢地又
变成黄色。

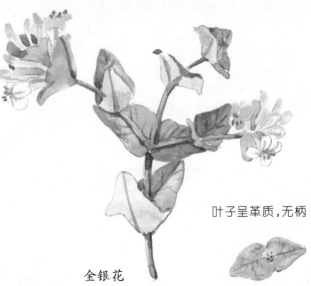

叶子呈革质,无柄

金银花

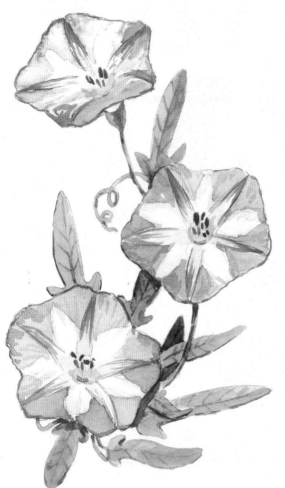

田旋花

雏　菊　雏菊长得比较矮,叶子
碧翠,喜欢对着阳光绽放花色和谐的
娇小花朵。不过,雏菊对温度是很敏
感的,只在10～25℃时正常开花。

田旋花　田旋花很爱攀爬着其他植物生长,叶
子长得像箭,开喇叭一样的花朵,就像是牵牛花。
它们的茎很奇特,在结果实前特别柔软,结果后就
变得粗老。

雏菊

余甘子　每到12月,余甘子
满树的长圆形叶子开始逐渐掉
落,直到来年3月,干巴巴的树枝
上才会长出新叶。4—6月会盛
开橘黄色小花,7—9月时树上会
挂满美味的果实。

果实呈球形,表皮半
透明,是黄绿色的

余甘子

小叶呈长椭圆形至
披针形,最长可达15
厘米

香椿

香　椿　春天,香椿长出了嫩芽,那
可是很美味的食物! 香椿的叶子有香
味,紫叶子香椿的香味更浓一些。

白兰树 白兰树四季常青,树姿优美,枝叶浓密,摘一片白兰树叶子,轻轻用手揉一揉,会闻到一缕芳香。

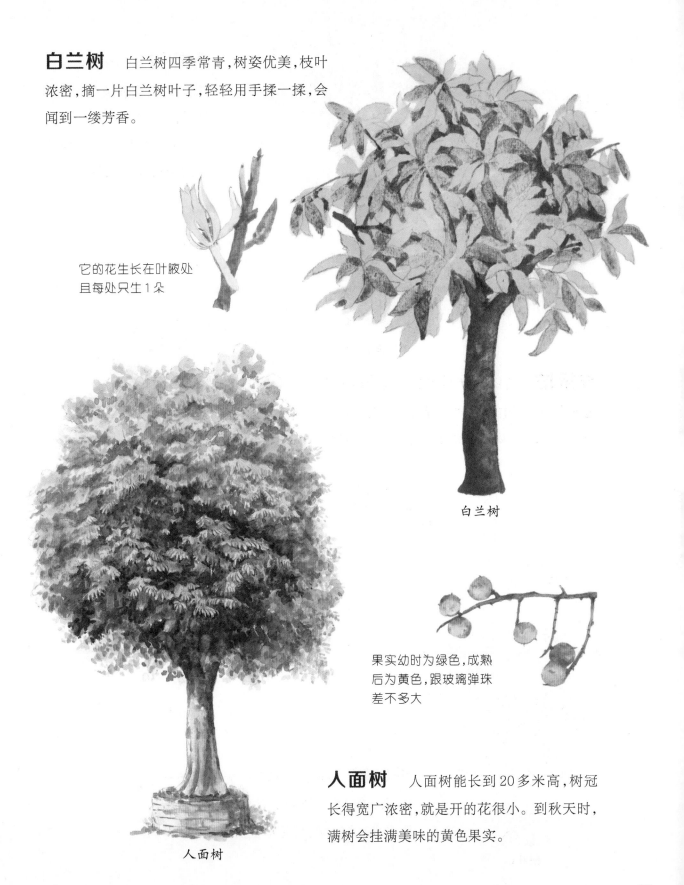

它的花生长在叶腋处且每处只生1朵

白兰树

果实幼时为绿色,成熟后为黄色,跟玻璃弹珠差不多大

人面树 人面树能长到20多米高,树冠长得宽广浓密,就是开的花很小。到秋天时,满树会挂满美味的黄色果实。

人面树

果实呈椭圆形,成
熟后为紫黑色

肉桂树　肉桂树全身都
散发着香气,卵圆形的叶子
挂满枝丫,黄绿色的小花缀
在绿叶间忽隐忽现。肉桂
树的树皮可是做香料的好
材料。

肉桂树

柠檬桉　这棵足有28米高的高大绿树就
是柠檬桉。它的绿叶间藏着很多小花。摘下
一片叶子,轻轻揉搓,会闻到一股柠檬的味道。

叶子为革质,呈椭
圆形、卵状椭圆形
或倒卵形

柠檬桉开花的时候,
形成圆锥花序。果
实为壶形,较小

柠檬桉

细叶榕　细叶榕很高大,能长到15～
25米,树冠像一把巨大的绿伞。它喜欢
阳光充足的环境,但是却害怕烈日暴晒。

细叶榕

橄榄树
橄榄树是一种喜欢阳光的常绿树,枝繁叶茂的,不但盛开清香的白色花朵,结出的果实还能吃。不过,它的树皮长得很粗糙,长到一定年龄时还会开裂。

果实成熟后为青黄色,表皮光滑,两端则尖尖的

橄榄树

樟 树
樟树又叫香樟,自带着一股特别的樟脑香气,树冠很硕大。香樟树特别怕冷,当温度低于0℃时,它就会冻伤。

花为绿白色且较小

樟 树

叶子为革质但不厚,脉络清晰

果实为肉质,富含汁水

大叶榕

大叶榕
大叶榕最高能长到15米,春天,枝丫上先长出大叶芽,然后浅绿色的叶子才逐渐绽开,慢慢长得浓密。

木 耳　木耳是一种很美味的食物，它们喜欢寄生在腐木上，尤其喜欢长在栎树、杨树、榕树、槐树等的腐木上，一丛丛地紧挨在一起，特别可爱。

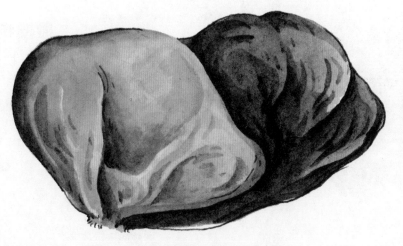

木 耳

石 蕊　石蕊隶属于石蕊科中的石蕊属，种类多。土生或生于腐木或岩石表土上。石蕊在医药和化学试剂方面有应用价值，有些种类可提取抗生素。

云 芝

云 芝　云芝喜欢生长在被砍伐树木的断面上。成形的云芝是深灰褐色的，长得特别像火鸡的尾巴，非常有型。

石 蕊

长裙竹荪　长裙竹荪长得像极了穿着网裙的蘑菇，别致又有型。从初夏到仲秋这段时间是竹荪生长的最好时候，它们最爱长在年老的竹子和已经腐烂的竹子的根部，以及腐烂的竹叶上。

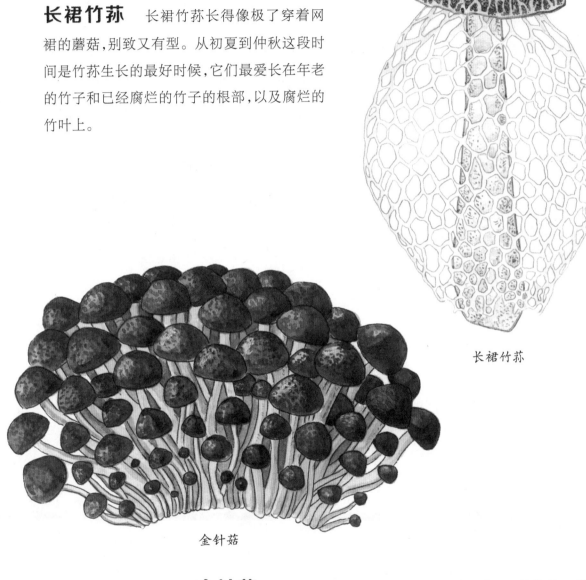

长裙竹荪

金针菇

金针菇　金针菇是秋冬与早春栽培的食用菌，以其菌盖滑嫩、柄脆、营养丰富、味美适口而著称于世，是凉拌菜和火锅的上好食材，深受大众的喜爱。金针菇中氨基酸的含量非常丰富，高于一般菇类，尤其是赖氨酸的含量特别高。经常食用金针菇可防治溃疡病。

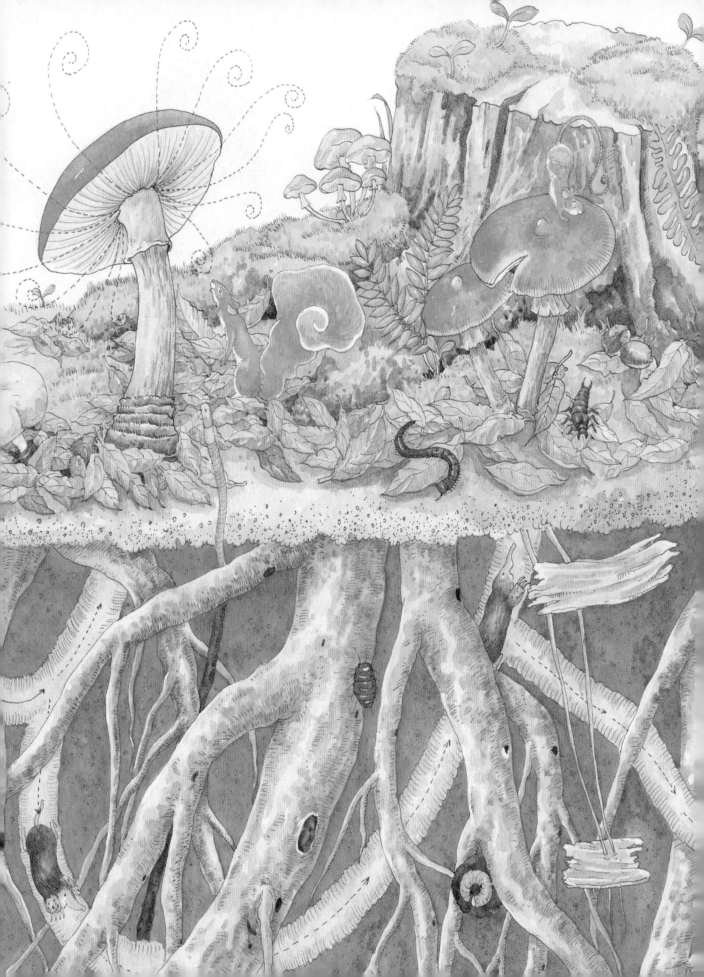

叶子非常光滑且富有
光泽，呈卵形，顶端
略尖

花瓣为白色，呈卵形

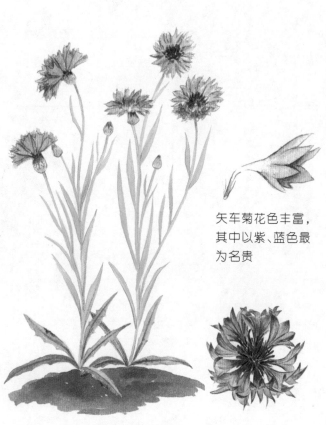

矢车菊花色丰富，
其中以紫、蓝色最
为名贵

矢车菊

常绿蔷薇

矢车菊　矢车菊大多生长在田野里，有时在房前屋后也能看见它们美丽的身影。它们花色多样，有紫色、蓝色和浅红色，茎多挺拔，叶子细长，花瓣很细，一瓣一瓣围成了椭圆形的花朵。

常绿蔷薇　在树篱旁，我们经常能看见常绿蔷薇的影子。它们的植株很大，有刺，有很多分枝，白色的花朵就长在分枝上。花朵不大，花蕊嫩黄，几朵小花成簇地开在一起。它们结红色果实，样子有点儿像枸杞，一串串地挂在枝叶上，特别可爱。

龙牙草 龙牙草的嫩茎叶可以食用，是一种很美味的野菜。每年5—12月，它们开出黄色的小花，花朵有点儿像迎春花，朵朵相对，缀在花茎上，把花茎包裹起来，而花茎就成了花柱，好看极了。

结的果实较多，它们整齐地排列在花序轴上

花序单生或数个集生于茎顶或枝端

菊 苣

龙牙草

花序轴较长，上面排列着许多花朵。花朵一般有5片花瓣

菊 苣 菊苣最高能长到1.2米，锯齿形的绿叶铺散着生长，叶子能食用。花茎挺拔，每年5—10月，盛开天蓝色的小花，花瓣末端内翘，一瓣一瓣围成了优美的花朵。

鸭跖草　在田野里,我们常能看见成片的鸭跖草。它们有很多节,黄绿色的叶子有点儿像竹叶。花朵也很奇特,远远看去,蓝色的小花像极了正在采花蜜的蝴蝶。有趣的是,鸭跖草的每个节上都能长出新的须根来。

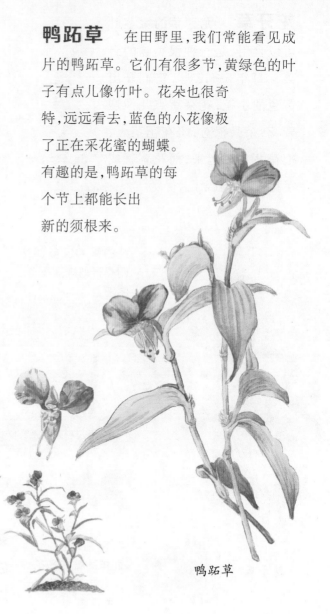

紫云英

花朵具有花蜜,常能吸引蜜蜂来采蜜。蜜蜂通过采集紫云英花蜜而酿制的蜂蜜,叫紫云英蜂蜜

鸭跖草

紫云英　紫云英的花蜜很好吃,它们开紫色的花朵,花形优美,总是5~10朵小花成簇地紧挨在一起,那样子像极了一把紫色小伞。风吹过来的时候,成片的紫云英随风摇曳,那景色就像是天边流动的云霞。

含羞草 含羞草的叶子很细,它们是植物界的"天气预报员"。当我们用手触碰它的叶子时,如果叶子闭合得很快,张开得很慢,就预示着天气会转晴;若是闭合时叶子收拢得很慢,稍稍闭合又重新张开,那天气就会是转阴或是快要下雨了。

中间的茎生叶,先端尖尖的

花朵为鲜艳的黄色,花丝的毛为白色

花序呈圆球形,花色为淡红色

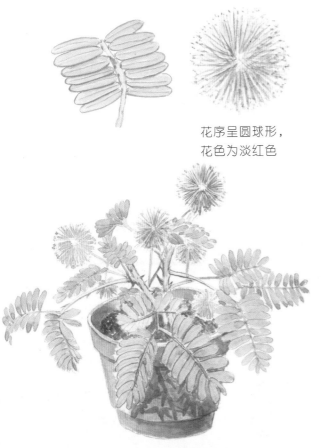

含羞草

毛蕊花

毛蕊花 毛蕊花喜欢生活在山坡和河岸的草地上,它们全身长满茸毛。整棵植株只有一根茎,上面不但长满厚实的绿叶,在茎的顶端,还点缀着朵朵紧挨着的黄色小花。

花序很长，可达 60 厘米

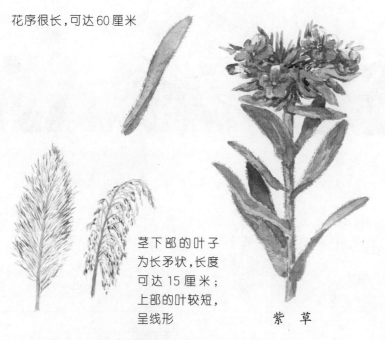

紫　草　紫草根部含有紫色的物质，蓝色小花开在茎的顶端，花朵成簇，与细小的绿叶相互映衬，在风中轻轻摇曳，很是好看。当花朵凋谢后，还会结出卵球形的小果实，光滑又可爱。

茎下部的叶子为长矛状，长度可达 15 厘米；上部的叶较短，呈线形

紫　草

芦　竹

果实分节，每一段分节都为球形

芦　竹　夏天的河滩上，成片的芦竹成了美丽的风景。它们长得郁郁葱葱，每到秋冬时，还会像小麦一样吐出穗子。其实，那是它们抽出的淡黄色花序，毛茸茸的，很像鸟雀的羽毛。

野萝卜　野萝卜是田间杂草，特别爱抢庄稼的地盘，很让农民伯伯头疼。它们长得有点儿像萝卜秧苗，开的花颜色多样，花朵很小，结的果实也有点儿奇特。

野萝卜

宝盖草　宝盖草喜欢生长在田地里,它的
叶子像是围绕着茎在生长,完全舒展后,感觉
把茎围了一圈,像极了一个圆盖子,特别有型。
它开的花更为别致,紫色的花朵不大,有点儿
像金鱼。

野生紫堇

宝盖草

叶子为圆形,整个看起来像
一个小盘子,边缘处有圆齿

花朵有4片花瓣,花瓣
较为狭长,两侧有2个
楔形的萼片

野生紫堇　野生紫堇是春天的精灵,在
大地刚回暖时,它们开始长出嫩叶,没多久,
便会盛开紫色的小花。它们的花茎细长,从
上到下都缀满了紫色的花朵,像极了一串小
铃铛。

贯叶金丝桃　在小河边经常能看到贯叶金丝桃的影子，它们长着很多分枝，长着长椭圆形的绿叶，叶片边缘还有透明或是黑色的小点。它们开黄色的小花，花朵有5个花瓣，长着长长的花柱。

长春花

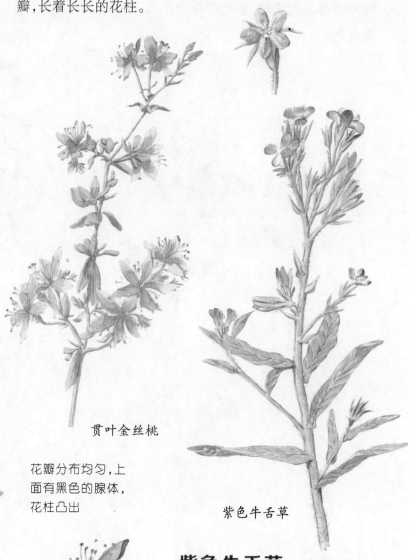

贯叶金丝桃

紫色牛舌草

花开在茎的顶端，稍微向外倾斜，5个花瓣，花中心有白色的洞眼

花瓣分布均匀，上面有黑色的腺体，花柱凸出

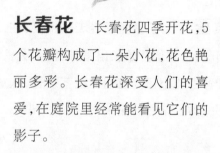

长春花　长春花四季开花，5个花瓣构成了一朵小花，花色艳丽多彩。长春花深受人们的喜爱，在庭院里经常能看见它们的影子。

紫色牛舌草　在田野里，甚至在庭院里，我们常能看见紫色牛舌草的身影。它们的花很美，一朵挨着一朵围成一圈，围成了一个花球。在初开时花呈红色，慢慢地才变成蓝紫色。

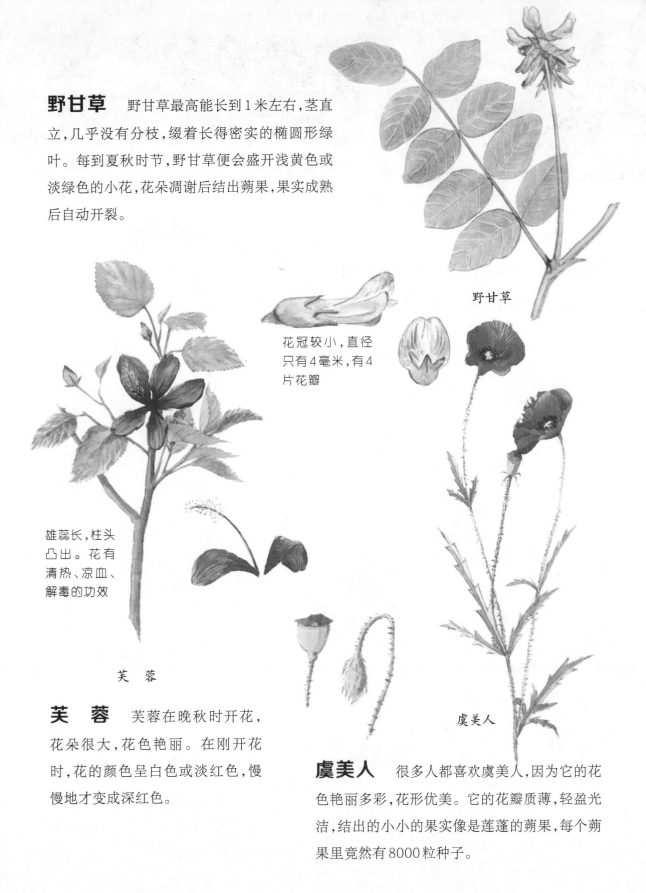

野甘草 野甘草最高能长到1米左右,茎直立,几乎没有分枝,缀着长得密实的椭圆形绿叶。每到夏秋时节,野甘草便会盛开浅黄色或淡绿色的小花,花朵凋谢后结出蒴果,果实成熟后自动开裂。

野甘草

花冠较小,直径只有4毫米,有4片花瓣

雄蕊长,柱头凸出。花有清热、凉血、解毒的功效

芙蓉

芙蓉 芙蓉在晚秋时开花,花朵很大,花色艳丽。在刚开花时,花的颜色呈白色或淡红色,慢慢地才变成深红色。

虞美人

虞美人 很多人都喜欢虞美人,因为它的花色艳丽多彩,花形优美。它的花瓣质薄,轻盈光洁,结出的小小的果实像是莲蓬的蒴果,每个蒴果里竟然有8000粒种子。

捕蝇草 捕蝇草的茎很短,在叶子的顶端长着一个很像贝壳形状的、专门用来捕虫的"夹子"。可别小看这"捕虫夹",它不但会分泌蜜汁吸引小昆虫,当贪吃的小昆虫靠近时,还能以极快的速度夹住小昆虫,把小昆虫"吃"掉。

野捕虫堇

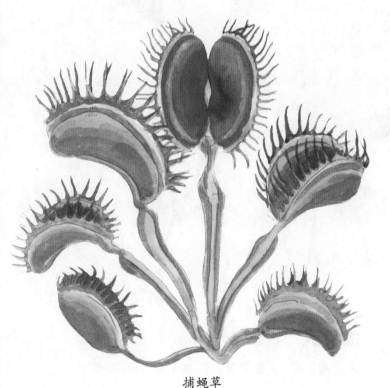

捕蝇草

野捕虫堇 野捕虫堇植株高 3~16 厘米,顶部带有紫色或白色。花朵的直径约 15 毫米或是更大,花形呈漏斗状。野捕虫堇分布广泛,冬季时会产生冬芽。

丝叶茅膏菜

丝叶茅膏菜形态优雅,茎和绿叶上覆盖着无数的小茸毛。可别小看这些小茸毛,它们的尖端就像是涂了亮色胶水的小触手,能自如地弯曲和卷起,从而捕捉小昆虫。

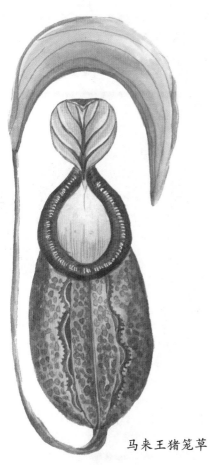

马来王猪笼草

丝叶茅膏菜

马来王猪笼草

马来王猪笼草长得很大,它们有一个形状像猪笼的捕虫笼,还有一个在猪笼草世界中最大的拱形笼盖。捕虫笼不仅能用独特的宽大"红唇"来吸引昆虫,而且笼内表面上几乎都是蜜腺,能分泌蜜汁吸引昆虫。

条纹蛇尾兰　条纹蛇尾兰非常耐寒，喜欢阴凉的地方，它们长着肥厚的叶片，绿色叶片上还镶嵌着带状的白色凸起，清新又高雅。要是在房间里摆一盆条纹蛇尾兰，不仅能美化房间，还能净化空气呢。

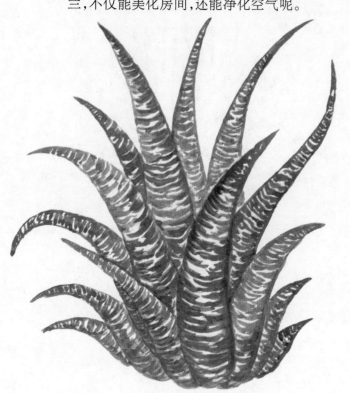

条纹蛇尾兰

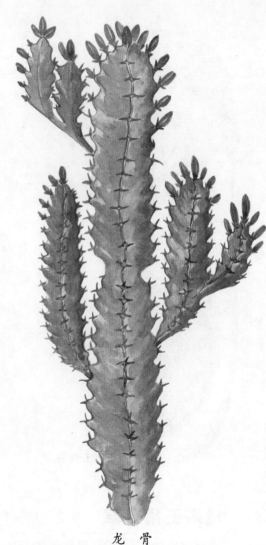

龙　骨

龙　骨　龙骨造型优美，特别适合养在室内。它们浑身布满小刺，有很多分枝，每个分枝都长得非常挺拔，植株最高能长到3米。它们通体翠绿，叶片长得像极了鱼鳞，在阳光的照耀下，闪闪发光，特别好看。

仙人掌

人们喜欢养仙人掌,是因为它耐旱,生命力顽强。仙人掌通体碧绿,虽然身上长满了直立的倒刺,但也会盛开出美丽的黄色花朵。

仙人球

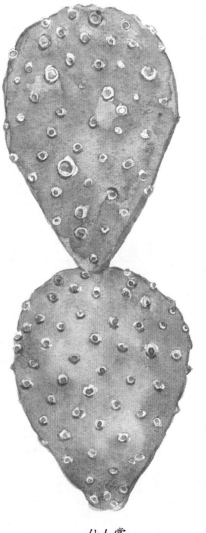

仙人掌

仙人球

仙人球俗称草球,又名长盛丸、短毛丸,属于仙人掌科多年生多肉类草本植物。它们的茎呈球形或圆形,绿色,花着生于纵棱刺丛中。仙人球的开花时间一般在清晨或傍晚,持续几小时到一天。仙人球的茎、叶、花均有较高观赏价值,是水培花卉中的精品。仙人球还是天然的空气净化器,具有吸附尘土、净化空气的作用。

夏枯草　　夏枯草喜欢生长在河岸两旁的草丛、荒地和路旁……它们的茎长得很挺拔，上面缀着长圆形的绿叶，每年4—6月，浅紫色的小花一朵朵地绕着花茎开放，形成了一个个小小的花柱。

夏枯草

白车轴草

白车轴草　　白车轴草又名白三叶、白花三叶草、白三草、车轴草、荷兰翘摇等。它是栽培植物，有时逸生为杂草并侵入旱作物田地，对局部地区的蔬菜、幼林有危害。生长期达6年，高10～30厘米。

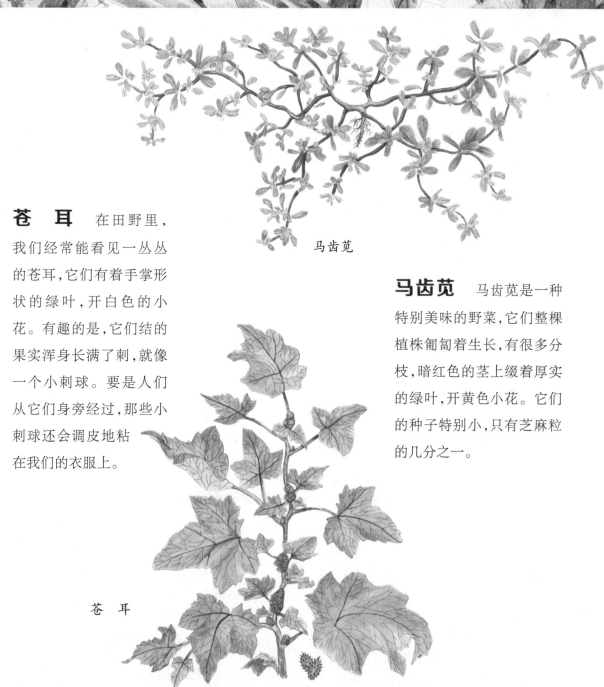

苍 耳 在田野里，我们经常能看见一丛丛的苍耳，它们有着手掌形状的绿叶，开白色的小花。有趣的是，它们结的果实浑身长满了刺，就像一个小刺球。要是人们从它们身旁经过，那些小刺球还会调皮地粘在我们的衣服上。

马齿苋

苍 耳

马齿苋 马齿苋是一种特别美味的野菜，它们整棵植株匍匐着生长，有很多分枝，暗红色的茎上缀着厚实的绿叶，开黄色小花。它们的种子特别小，只有芝麻粒的几分之一。

蓟 在野外,甚至在农家的小院里,我们都能看见蓟的影子。它们长得挺拔,叶子碧绿,叶片边缘长有小刺,开紫色或是玫红色的绒球形花朵。若是它们的叶子被折断,还会流出白色液体,就像是在流泪一样。

蓟

酢浆草 在河岸边,成片生长的酢浆草总是能引起人们的注意。它们长得不高,叶子形状独特,是由三片看似独立的心形小叶构成整片叶子。它们盛开五瓣黄色小花,花朵藏在绿叶间忽隐忽现。

酢浆草

龙葵

龙 葵　每到夏天,在村子里总能看见龙葵的身影。它们喜欢长在墙角边,植株上挂着青色的球形小果实,当果实熟透后就会变成紫黑色,一串串的像极了小葡萄。摘一串放进嘴巴里,甜甜的很美味。

旋 花

旋 花　旋花又名鼓子草、打碗花,俗称野牵牛。茎细长,缠绕于他物之上,叶互生,戟形,有长柄。旋花夏天开漏斗状合瓣花,色有淡红和白色等。

地 榆 地榆属多年生草本植物,短柄小叶,紫红色花瓣,果实包藏在萼筒内。地榆还是一种中草药,性寒、味苦酸、无毒,有凉血止血、清热解毒、培清养阴、消肿敛疮等功效。

藜

地 榆

藜 藜长得很粗壮,有很多分枝,叶子长得浓密,仔细一看,绿叶背面还透着淡淡的紫色。它们喜欢生长在农田或菜园里,特别爱抢庄稼的地盘,很让农民伯伯头疼。

菊芋

菊芋又叫洋姜，它们长得高大挺拔，有分枝，叶子浓密，每年8—9月开黄色花朵，花形优美，有淡淡的花香。菊芋的根部会长出形状各异的块茎，这些块茎可以食用也可以入药。

菊芋

早开堇菜

早春时节，在田野里，在沟渠边，甚至在农家小院里，我们都能见到在风中摇曳的早开堇菜。它们的叶子有点儿长，边缘还有锯齿，开浅紫色的小花，花梗上有非常纤细的毛须。

早开堇菜

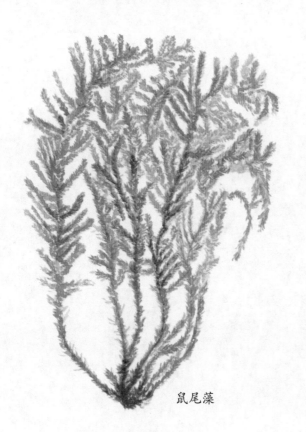

鼠尾藻 鼠尾藻喜欢长在礁石上,生长在冰冷的海水中。所以,在天气寒冷的冬天,它就开始萌发,而且长得特别快,春天一到,就将整块礁石都覆盖住了。

鼠尾藻

碱 蓬

碱 蓬 碱蓬的茎秆挺得直直的,上部长出又细又长的枝条,枝叶繁茂,株形优美。它适合生长在海边的盐碱地里,鲜嫩的茎叶不仅营养丰富,还有一种特别的海鲜味,很好吃,所以,人们又叫它"海鲜菜"。

草海桐

花为白色,五裂,整个形似扇形

草海桐 草海桐长得较为高大,有的可达7米高。它喜欢生长在海边,不怕干旱,不怕寒冷,就是强劲的风也不能把它怎么样,是人们喜欢的海岸防风植物。

果实为白色,呈卵球形

从胚轴中生长出来的木榄幼苗

木榄花长得特别像鸡爪

为了适应环境,木榄长出膝状呼吸根

木 榄

文殊兰

文殊兰 文殊兰长得较为粗壮,叶子非常长,可达1米。它喜欢生长在含盐分高的海岸。夏天,它开出白色的花朵,傍晚时,靠近它会闻到浓郁的芳香。

伞形花序上有10~24朵花

文殊兰长出的蒴果

木 榄 木榄树全年开花结果不断,花朵长得像鸡爪,人们都喜欢叫它"鸡爪浪"。更奇怪的是,它的果实成熟了也不急着脱离母树,里面的种子却急急地开始萌发了。

海芒果

海芒果
海芒果的叶子都长在树枝的顶端,很茂盛。它的果实长得像芒果,但不能吃,因为有毒,尤其是里面的种子,毒性最大。有趣的是,它的果实成熟后掉落在海水中,随海水漂泊,停靠在海岸,又可以长成一棵大树。

果实表皮光滑

花冠为白色,花蕊为红色,一朵花有5片花瓣

沟叶结缕草
沟叶结缕草长得矮小,只有12~20厘米高,主要生长在湿润的海岸沙地里。它的茎叶都很细,长得却很茂密,而且很有弹性。小小的沟叶结缕草很坚强,即使被踩踏多次,没过多久又生机勃勃了。

茎叶纤细美观

细长形的总状花序

榄仁树

花是白色的，呈穗状，生长在枝头

叶子密集生长在枝顶，呈长倒卵形，边缘呈不明显的波浪状

蒴果为球形，有4枚种子

叶子前端有明显的凹陷，形似马鞍

马鞍藤　马鞍藤喜欢匍匐在地上生长，长长的茎不断地蔓延，其叶子形状像马鞍。它全身光滑，紫粉色的花朵像喇叭。它还是个不怕干旱、不怕盐碱的抗风高手。

榄仁树　榄仁树长得高大，有的可达15米高。枝叶长在树的上端，形成了伞状。它的树皮起初非常光滑，随着树龄的增长，树皮会慢慢变厚且长有纵裂纹，再慢慢剥落。

马鞍藤

海边月见草　海边月见草的茎和叶子上都长有柔软的毛,每日傍晚开一朵花。黄色的花朵非常艳丽,结出的果实是圆柱状的,里面的种子都是宝,含有非常丰富的精油。

海边月见草的花朵

果实生长期在8—12月,荚果扁平,长2.5～4厘米

鱼　藤

鱼　藤　鱼藤喜欢攀附在别的植物上生长。它是一种危险的植物,根部含有毒素,可以杀死鱼和昆虫,所以人们又叫它"毒鱼藤"。

椰子树 椰子树茎干粗壮,可达30米高。从树干顶部直接长出长长的叶子,叶柄长达1米,撑开像把伞。椰子树结出的果实是球形的,里面的椰子汁是人们爱喝的天然饮料,椰子肉可以用来制得椰子油,椰子壳能用来制作好看的工艺品。

椰子油为白色或淡黄色脂肪

椰子树

露兜簕 露兜簕的树干生得直直的,只在上部分长出树枝来。奇怪的是,它的树枝只有顶端长有叶子,下端几乎没有一片叶子。叶子长长的、细细的,果实的形状有点像菠萝。

果实外部坚硬,基部软,里面的种子味甜,可以吃

露兜簕

智 慧 屋

★ 所有的植物都是先长叶子后开花吗?

● 植物可以给自己传播花粉吗?

▲ 竹子是树木还是草?

☆ 世界上最大的花是什么花?

○ 仙人掌没有叶子吗?

◆ 樱花树上能结樱桃吗?